网络帝国的王者
蜘蛛

张 晶 著

科学普及出版社

·北 京·

图书在版编目（CIP）数据

网络帝国的王者 : 蜘蛛 / 张晶著 . — 北京 : 科学普及出版社 , 2017.7

ISBN 978-7-110-09614-7

Ⅰ.①网… Ⅱ.①张… Ⅲ.①蜘蛛目—普及读物 Ⅳ.① Q959.226-49

中国版本图书馆 CIP 数据核字 (2017) 第 173085 号

策划编辑	韩　颖　许　慧	
责任编辑	韩　颖	
装帧设计	中文天地	
责任校对	杨京华	
责任印制	张建农	

出　　版	科学普及出版社	
发　　行	中国科学技术出版社发行部	
地　　址	北京市海淀区中关村南大街16号	
邮　　编	100081	
发行电话	010-62173865	
传　　真	010-62179148	
网　　址	http://www.cspbooks.com.cn	

开　　本	787mm×1092mm　1/16	
字　　数	90千字	
印　　张	6.25	
版　　次	2017年10月第1版	
印　　次	2017年10月第1次印刷	
印　　刷	鸿博昊天科技有限公司	
书　　号	ISBN 978-7-110-09614-7 / Q·231	
定　　价	29.80元	

感谢人类朋友对我们的喜爱

愿我们共同美好和谐地生活在一起

小蜘蛛

蜘蛛造化神奇

它有讲究的生活习性和让人诧异的生活方式

它是天才的建筑艺术大师

它会织出绝妙的蜘蛛网

它能教会你很多

假如世界上没有蜘蛛，我们也得去创造它们

因为没有它们，人类将会完全淹没在昆虫的海洋里

卷首语

　　蜘蛛和蜘蛛网是我们随处可见的，可却常被我们视而不见。蜘蛛是一种神奇的生物，它的网是一种美妙的艺术精品。它们虽然肢体很小，但其生命力和创造力却是神奇非凡的，小小的蜘蛛、黏黏的蜘蛛网中蕴藏着许多鲜为人知的奥秘，让我们感悟生命的伟大与自然界的奥妙。

　　我是一名摄影爱好者，经常会被闪烁着七彩炫光的蜘蛛网吸引，当用相机对准它拍摄时，很多精彩的瞬间令我震惊诧异：蜘蛛迅猛捕食的过程、敏捷逃逸的状态和孜孜不倦织网的劳作……我深深地被这些可爱的精灵所感动，对它们的神奇举动肃然起敬。因此，我酷爱上蜘蛛的拍摄。在不断地拍摄积累与不断地学习探究中，逐渐对蜘蛛及其蛛网有了一些粗浅的认知。蜘蛛可谓网络帝国的王者，它们网络式的生存之道教会我们许多事情。为此，将我拍摄的图片配上简短的文字，以图文并茂的形式，与你们分享自然界中这些非凡的蜘蛛。书中介绍了蜘蛛的繁盛家族、蜘蛛奇特的身体构造及其神奇的生命力。

　　我用相机记录了蜘蛛，并将其呈现给您。衷心期望，读者们通过《网络帝国的王者　蜘蛛》，不仅享受阅读的乐趣，同时收获视觉美感和知识，从而以新的、科学的眼光去了解和感知与我们人类共存的各种生物，以敬畏大自然的姿态珍爱各种生命、珍爱我们共同生存的环境。

　　书中绝大多数照片为作者本人的摄影作品，但受条件所限，有关蜘蛛生活习性的很多内容无法拍摄到，因此书中引用了个别图片并已注明出处，请谅解。

目 录
CONTENTS

奇特的物种 神奇的生命

蜘蛛是我们常见的一种小动物，它们生活在森林、田间、草原、水边、石下，甚至在我们居住的屋子中。它们是一个大家族，世界上有4万多种，在我国至少有3000种以上，水、陆、空都有蜘蛛的踪迹。据说，蜘蛛织网比渔民还早十万年呢。它们靠自己肚子里的丝编织出精美的网，智慧地谋生，顽强地繁衍生息。

人类认识到，假如世界上没有蜘蛛，我们也得去创造它们；因为没有它们，人类将会完全淹没在昆虫的海洋里。

蜘蛛是昆虫吗

　　人们常常把蜘蛛归到昆虫类，其实它不是。

　　昆虫的身体由头、胸、腹三个部分组成。形体的基本特征是：一对触角，一般有两对翅膀、三对足（就是六条腿），而且一生生长的形态多变。而蜘蛛则长着八条腿，头上既没有触角也没有复眼，而且头部和胸部是一体的，所以它们归属于节肢动物。蜘蛛类是一个庞大的家族，家庭成员可谓千姿百态，有的外貌奇丑、有的步履蹒跚、有的能走善跳，大的有 10 厘米长，小的仅 1 毫米。它们分布广泛，适应性

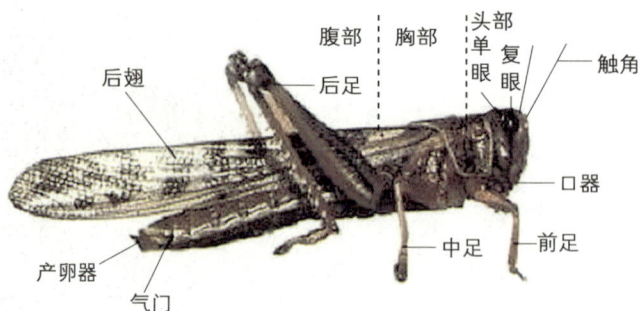

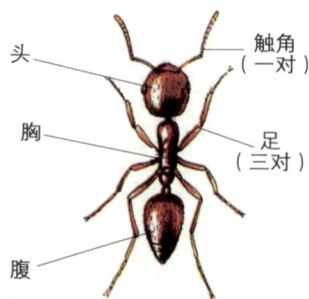

http://image.baidu.com/search/detail

昆虫类动物的特征

极强。蜘蛛是最早进化为陆生动物的
物种之一，而且是善于占据领域的、
捕食性的食肉动物。

　　蜘蛛按捕食方式可分为结网型和
徘徊型两种。结网型蜘蛛的主要特征
是结网行为；徘徊型蜘蛛则不会结网，
而是四处游走或就地伪装来捕食猎物。

　　蜘蛛按生活方式可分为游猎型和
定居型两种。游猎型蜘蛛到处游猎、
捕食、居无定所，完全不结网、不挖
洞、不造巢；定居型蜘蛛有的结网，
有的挖穴，有的筑巢，作为固定住所。

　　蜘蛛在自然界中虽然小得微不足
道，但它们依然有着自己完整的丰富
而神奇的生命过程。

　　蜘蛛与一般昆虫类相比，是长寿
的。它的生命力和繁殖能力很强，大
多数蜘蛛的生命周期为 8 个月至 2 年，
其中捕鸟蛛的寿命可达 20 ～ 30 年。
蜘蛛是卵生动物，每只雌蛛平均产卵
100 粒，最大的蜘蛛能产 3000 粒卵。

蜕变式成长

　　蜘蛛是以蜕变的方式成长的，就
像我们熟知的蚕一样，随着不断生长，
需要经过多次的蜕皮。蜕皮次数和间
隔时间差别很大，一般而言，小型蛛
一生蜕皮 4 ～ 5 次；中型蛛 7 ～ 8 次；
大型蛛 11 ～ 13 次。当幼蛛在卵袋内

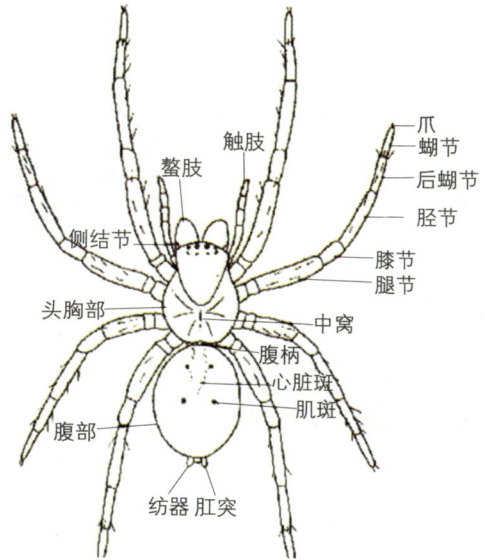

触肢　　爪
螯肢　　蜴节
　　　　后蜴节
侧结节　　胫节
头胸部　　膝节
　　　　腿节
　　　　中窝
腹柄
心脏斑
肌斑
腹部
纺器 肛突

http://baike.baidu.com/subview/

孵出后，要在袋内蜕皮 1 ~ 2 次，停留数天后再出来。要是碰上寒冷的冬天，它们干脆就在卵袋中过冬，到第二年再出来。

蜘蛛是以蜕变的方式成长的，一生需要多次蜕皮

有趣的求婚方式

　　雄蛛在求爱期间，会随身携带几个装着昆虫的大礼包前去求婚。雄蛛把自己捕获的昆虫用蛛丝缠绕起来作为求婚礼物送给雌蛛，以显示它有获得并保有食物的生活能力，讨取雌蛛欢心。

雄蛛要带着礼品（用丝捆裹的猎物）去讨雌蛛的欢喜

奇特的夫妻关系

在蜘蛛的群类中有一种反常的怪异现象，雄蛛的肢体往往比雌蛛小，雄蛛比雌蛛的性成熟时间早且存活的时间短。蜘蛛夫妻生活的方式很独特，在它们交尾后，大部分雄蛛会被雌蛛吃掉，只有逃脱的雄性才能再次求婚。但是，雄蛛为了完成繁衍种族的使命，会贡献出自己的身体与生命。因为雄蛛没有阴茎，交配

雌雄体型不成比例的洛辛库蜘蛛（红色蜘蛛是雄蛛）

时需要把精子挤在一个专门的精子网上，然后再把精子吸到一对专门用来生殖的肢里，这对肢被称为"须肢"。对于雄蛛来说，把须肢插入雌性的体内是一项非常危险的工作，因为雌性的体型要比它大很多，因此雄蛛常常在交配前先咬断自己的一条须肢，以便比其他求婚者更加迅速和灵活。

蜘蛛的巢

蜘蛛除了织网捕食外，还会修筑窝巢，它们的巢是很讲究的——顶部是凹形的，上面像盖着一个丝制的盖，四周包着一层又厚又细嫩的白缎子——这是用来防水的，雨水或露水都无法浸透。蜘蛛在自己舒适的巢里睡觉、生儿育女。

精致的育儿袋

蜘蛛妈妈在产卵前，会先用丝织一个精致的育儿袋。袋子形状像一个倒置的气球，大小和鸽蛋差不多，底部圆且宽大，顶部平且窄小。为了蜘蛛宝宝不受寒冷，袋子周围还铺上一层蓬松的丝绵，作为未来小蜘蛛的安乐床。

在海南拍摄的"胖蜘蛛"

雌蛛产卵后，会用丝盖把育儿袋盖得严严实实。育儿袋与巢之间用丝线连着，这样使袋口可以张开。育儿袋的大小刚好能装下全部的卵而不留一点空隙，蜘蛛妈妈真是了不起呀！

负责任的母亲

蜘蛛在母性方面的天性比它猎取食物的天才更令人叹服。蜘蛛妈妈会将卵袋放在安全的地方，以保障宝宝的健康成长。有的蜘蛛妈妈索性将卵袋缠在腹部，走到哪儿，带到哪儿。等幼蛛宝宝孵成、爬出卵袋后，它们还要背着这些小蜘蛛生活一段时间，之后才安心让它们独立生活。

蜘蛛妈妈给蜘蛛宝宝示范如何捕食

蜘蛛老了的时候

据科学家研究，蜘蛛也像人类一样，随着年龄的增长，生理上会发生很多变化，如神经系统逐渐老化、脑子也会"不灵光"。当它们老了，结的网就没了章法，网上会出现很多缺口，网眼也要大得多。普通蜘蛛在晚年会失去结网能力。有些蜘

蜘蛛到死丝方尽

秋天到了，蜘蛛躲进枯叶中，裹满丝絮，准备过冬

蛛在建完巢、产完卵之后，就头也不回地走开，再也不会回来了。不是它狠心，而是已经走到了生命的尽头，它为孩子做巢已经用尽所有的丝，再也没有丝给自己张网捕食了。衰老和疲惫使它在世界上苟延残喘几天后便会安详地死去。真是蜘蛛到死丝方尽。

蜘蛛也会冬眠

有些在温带生活的游猎蜘蛛在冬天是会冬眠的。它们会找一个角落或者洞，用丝把洞口封住，然后安然入睡直到来年春天。

达尔文指出：物种的存活关键在于适应力。蜘蛛几乎征服了整个地球，它们不断地适应，不断地改变，不断地繁衍，适应了地球上的大部分环境。蜘蛛可以在每平方千米捕获 4 亿多只昆虫，远远超过了鸟类，被人类称为最伟大的昆虫调节者。

在我看来，蜘蛛的生命虽短，但它们的一生也是蛮拼的。

延伸阅读

十大奇特蜘蛛

最大的蜘蛛——亚马逊巨人食鸟蛛

亚马逊巨人食鸟蛛的体型可以世界称霸，它主要生活于南美洲北部的雨林，其体型最长可达 12 英寸（约 30 厘米，包括足部长度）。雌性可存活 25 年左右，体重可达半磅重（约 0.23 千克）。它们可以轻易捕食和吞咽鸟类、老鼠等小型动物。不过，和其他类蜘蛛一样，亚马逊巨人食鸟蛛最喜欢吃的食物还是昆虫，如蟋蟀或甲壳虫等。

最小的蜘蛛——展蜘蛛

世界上体型最小的蜘蛛一直没有定论，人们还在不断地发现中。科学家在西萨摩尔群岛采到一只成年雄性展蜘蛛，体长只有 0.043 厘米，还没有印刷体文字中的句号那么大。后来，在哥伦比亚发现一种叫"帕图蜘蛛"的雄性蜘蛛，它只有大头针的针头那么大。由于这些蜘蛛体型太小，几乎没有人能够拍摄到它们的标准照。

最致命的蜘蛛——巴西漫游蜘蛛

在所有蜘蛛种类中，巴西漫游蜘蛛应该是毒性最强、最致命的蜘蛛。它们主要生活在巴西、阿根廷北部和乌拉圭等国家或地区的温暖、潮湿环境中，能释放一种强力"神经毒素"，可以导致神经失控、呼吸困难和剧烈疼痛。2007 年，吉尼斯世界纪录授予巴西漫游蜘蛛"最毒蜘蛛"称号。

最可爱的蜘蛛——蝇虎跳蛛

蝇虎跳蛛长有八只眼睛，其中头部正中两只就像两盏大大的灯泡，大眼睛底下是两根亮闪闪的毒牙。这一可爱造型让蝇虎跳蛛荣获了"最可爱的蜘蛛"称号。到目前为止，全世界已经识别出来的跳蛛种类有5000 多种。人们可以很容易根据它们头部和面部的八只眼睛来识别它们。蝇虎跳蛛之所以得到"跳蛛"的名字，就在于它们的特长是跳跃，它们一次跳出的距离甚至比它们身长的 50 倍还要长。

最善良的蜘蛛——素食蜘蛛

　　并非所有蜘蛛都是恶毒、冷血的食肉动物。科学家们发现，有一种生活于南美洲灌木丛中的小型蜘蛛就是罕见的素食主义者。这种蜘蛛是迄今世界上已知蜘蛛中唯一食用植物的"素食主义者"。这种素食蜘蛛也是跳蛛的一种。素食蜘蛛不像自己的其他同类那样以昆虫为食，它们通常过着群居生活，会盘踞到同一棵树上共同合作获取食物。

最卑鄙的蜘蛛——黑脚蚂蚁蜘蛛

　　这种蜘蛛很善于伪装，长得酷似蚂蚁，极具欺骗性，被予以"最卑鄙蜘蛛"的称号。世界上还有很多种类的蜘蛛有这种特性，它们都懂得把自己伪装起来，并通过伪装诱惑猎物或有效地逃避其他捕食者的威胁。很多蜘蛛都喜欢独来独往，而这种黑脚蚂蚁蜘蛛却喜欢群居生活，一张网往往会挂上10~50只蜘蛛，搬家时也往往成群结队。科学家们认为，这是一种聪明的做法，因为独处容易被捕食。

最怪异的蜘蛛——圆形棘腹蛛

圆形棘腹蛛背部是长满棘刺的圆形。在美国南部和南美洲的部分地区偶尔可以遇见。一般来说，雌性圆形棘腹蛛最大可以长到半英寸宽（约1.3厘米），而雄性身体宽度最大只能达到五分之一英寸（约

0.5厘米）。这一特别的蜘蛛种类看起来很怪异，因为它们白色的身体上分布着一排排黑色的斑点，看起来好像是在朝我们怪笑。

最虚荣的蜘蛛——孔雀蜘蛛

为什么说孔雀蜘蛛最虚荣呢？因为雄性孔雀蜘蛛往往会利用其艳丽的色彩和条纹来吸引异性，因此，它们会故意在雌性蜘蛛面前故作姿态，展示其美丽的腹部，并不断左右摇摆，就好像孔雀开屏一样。孔雀蜘蛛也是跳蛛的一种，它们的体型非常小，身体直径不超过5毫米，一般生活在澳大利亚中部地区。

最适合当宠物的蜘蛛——智利火玫瑰

智利火玫瑰蜘蛛体型中等、魅力诱人，而且容易养活，最适合当作宠物。在许多宠物商店，都有这种蜘蛛出售。智利火玫瑰性情温顺，除非它们感受到了威胁，一般很少主动攻击别人。

最勤奋的蜘蛛——金色圆蛛

金色圆蛛可以称得上是世界上最勤奋的蜘蛛，它们不仅可以织出巨型、复杂的金黄色蛛网，而且每天都会在原有的蛛网上忙忙碌碌地修网、补网。因为它们织出的蛛网可能随时失去黏性，所以要不断地修补以保持蛛网处于最佳的捕捉状态。金色圆蛛所织出的网最大直径约 0.9 米，看起来就像是一个巨大的车轮。在阳光下，蛛丝呈金黄色。科学家们认为，这种光芒可以用来吸引昆虫；而在阴暗的角落里，暗黄色的蛛丝又可以用作伪装，防御敌人。

20

蜘蛛的食谱之一

蜘蛛的食谱之二

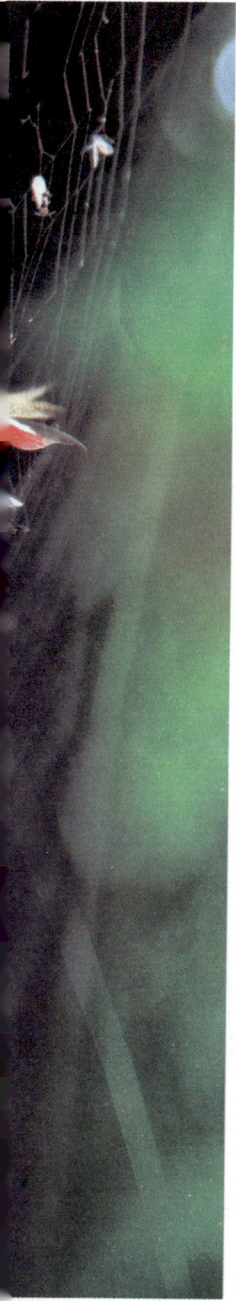

网络式的生存之道

在我们生活的空间中，只要你稍加留意，就会发现蜘蛛和蜘蛛网无处不在。看上去，小小的蜘蛛和黏黏的蜘蛛网似乎司空见惯，但是，你知道吗？这其中蕴藏着太多鲜为人知的奥秘。

张网捕食的富裕生活

蜘蛛自己是不会选择或捕捉猎物的，它虽有眼睛，但视力却很差，它的安身立命之本就是自己编织的网，那里是它生存的地盘、生活的舞台。几乎所有的蜘蛛都靠自己的蛛丝来生存，蛛丝是它们繁衍生息的生命线，是它们行动的安全带和滑行索。普通蜘蛛一生能吐出的蛛丝长度超过 6000 米。

斑络新贵妇蜘蛛

大腹圆蛛

在人们眼中，蛛丝是不堪一击的。其实不然。实验证明，蛛丝的强度是钢丝的 5 倍，延展性是尼龙的 30 倍。蛛丝的质量很轻，一条长度环绕地球一周的蛛丝其重量只相当于一块肥皂的重量。蛛丝为什么如此神奇呢？

科学家研究发现，蛛丝由两根不同的丝线绞在一起，一根干性直线状的，只能拉长 20％；另一根黏性螺旋状的，可拉长 4 倍，而且周围覆盖一层胶质液体微滴，每一微滴中有一丝团。当猎物自投罗网、拼命挣扎时会碰撞微滴，使其中团丝伸展，增加了线的长度。这样，不但网不会被挣断，而且被俘物越挣扎丝越多，箍得就越牢。

蛛丝是一种神奇的材料，比头发丝细 30 倍的蛛丝其性能可以超过所有人工聚合物。蛛丝由两种蛋白质组成。在体内是液体，到体外就坚硬起来。蜘蛛体内的好几个腺体可视需求状况吐出不同材质特性的蛛丝，而且其强度、密度或直径是各不相同的。

蜘蛛如何捕食

蜘蛛静静地坐在网中央，撑开八只脚，摆好阵势后，就可以坐以待食了。当猎物自投罗网、拼命挣扎时，它岿然不动、淡定观望；当猎物奄奄一息时，它才得意洋洋地冲上去，美滋滋地饱餐一顿。然后，再回到网中央，继续等待下一个送上门来的猎物。

蜘蛛依靠细细的蛛丝振动所传递的信息，准确地判断被捕猎物的位置和大小。蜘蛛以智慧的谋生方式编织了一个神奇的网络世界，它们网络式的生存之道创造了无数的奥秘。

蜘蛛依靠张网捕食，过着富裕的生活

无处不安家

在希腊神话里，蜘蛛是纺织巧匠的化身，它最拿手的绝活就是织网。蜘蛛织网比渔民还早十万年。蜘蛛织网谋生的智慧和织网技艺的精美，连数学家和艺术家都赞叹不已。

与花朵为伴的蜘蛛网

玉米叶子上的蜘蛛网

蜘蛛有着超强的因地制宜的设计能力和随遇而安、织网安家的本领。可以说，蜘蛛和蜘蛛网无处不在。

蜘蛛还可以在蛛丝的牵引下，随风飘荡到很高、很远的地方，在任何地方都能随遇而安，结网安家。

北京十三陵泰陵墙沿上张结的大网

竟敢给李白祖先也罩上丝网

在人类家中也能安然结网

枯草上也能安置出一个完美的家

桥栏下的日子也很安逸

把家安在花枝上肯定很惬意

柔曼的瓜蔓与蜘蛛网很搭

在黑斑羚头顶上结网相得益彰

胜利大逃亡

2012年3月，澳大利亚新南威尔士州突发洪水，迫使这里的居民逃离家园。洪水同样威胁了那里的蜘蛛，人们惊讶地发现成群的蜘蛛出现在树丛中，迅速转移到更高的位置。它们采用了一种新奇的群起结网的方式，联合行动，大量释放蛛丝，铺天盖地地到处织网，织出了巨型的蜘蛛网。它们将网打造成一种巨大的"蹦床"，避免被冲走或淹死，依靠群体合作完成了胜利大逃亡。

为躲避洪水，数百万只蜘蛛竟爬到树上织网搭窝

http://www.northnews.cn/ 正北方网

群体结网求生存

通常，蜘蛛喜欢独居，建造自己独立幽静的蜘蛛网。若有邻居，常常会互相争斗领地和猎物，甚至将同类吞食。但为了节省蛛丝蛋白，它们有时也会群居，结成联合体，各占一段，加盟吐丝，共建超级结构。

蜘蛛的社会很有趣，没有王，但却很有

http://money.591hx.com/ 华讯财经

数百万蜘蛛集体结网而成的怪树

秩序。人们发现，密密麻麻的蛛网覆盖一切，像是下了大雪一般。蜘蛛群体集结织网是一个不同寻常的行为特征，这种反常现象只有在遇到洪水和雨季，或者是昆虫丰盛时才会出现。这时，蜘蛛们会放弃争斗，群体合作编织巨型蜘蛛网，共度灾难，共享美食。

http://www.weixinnidi.com/ 头条易读

小狗钻行在成片的蜘蛛网里

对数螺旋线

在野生兽类动物中，毛旋也是呈螺旋线状的，这种结构可以使雨水顺着一定的方向流淌，犹如披上蓑衣一般，避免皮毛浸湿；螺旋状紧密的排列还可以避免有害昆虫的叮咬；同时，还有良好的保温作用。人的头发也是循着一定的方向形成旋涡状，即发旋，且有右旋和左旋之别。人类头发的这些作用虽然已退化到微不足道的地步，但其形式却保留了下来。

植物中的车前草的叶片也是螺旋状排列，这样的叶序排列可以使叶片获得最大的采光量且得到良好的通风。向日葵籽在盘上的排列也是螺旋式的。

自然界中，许多动物都是采用对数螺旋线的构造原理来求生的，在壳类的化石中，这种螺线的例子就很多。在南海，我们还可以找到一种太古时代的生物的后代，那就是鹦鹉螺。

螺旋线已经被广泛应用于人类生活的各个方面，如机械上的螺杆、螺帽、螺钉和螺丝扣等。枪膛中的膛线也是螺旋线，就连一些楼梯也是螺旋状的。被称为"世界七大奇观"之一的意大利比萨斜塔的294级楼梯，就是螺旋线结构。美国加州的设计师借鉴了车前草螺旋线状采光原理，设计出了一幢13层的螺旋状大楼，每个房间都能得到充足的阳光。

螺旋状建筑

具有螺旋结构的植物

螺旋线的两个特征

　　特征一：在同一个扇形里，所有的弦（就是构成螺旋形线圈的横辐）都是互相平行的，并且越靠近中心，这种弦之间的距离就越远。每一根弦和支持它的两根辐交成四个角，一边的两个是钝角，另一边的两个是锐角。而同一扇形中的弦和辐所交成的钝角和锐角正好各自相等——因为这些弦都是平行的。

　　特征二：如果你用一根有弹性的线绕成一个对数螺线的图形，再把这根线放开来，然后拉紧放开的那部分，那么线的运动的一端就会划成一个和原来的对数螺线完全相似的螺线，只是变换了一下位置。

比萨斜塔的楼梯

http://pages.ctrip.com/tour/ingroupline_pages.asp

网络帝国的王者

蜘蛛可谓纺织大腕，它织出的网，连数学家和艺术家都惊叹不已。蛛网是一个具有超强能力的网络系统，只要蜘蛛用脚踩在蛛网的一根丝上，就能立即准确地判断出猎物的方向。蜘蛛以它绝妙的网络结构和控网自如的技艺，完全有资格站在网络帝国王者的位置。

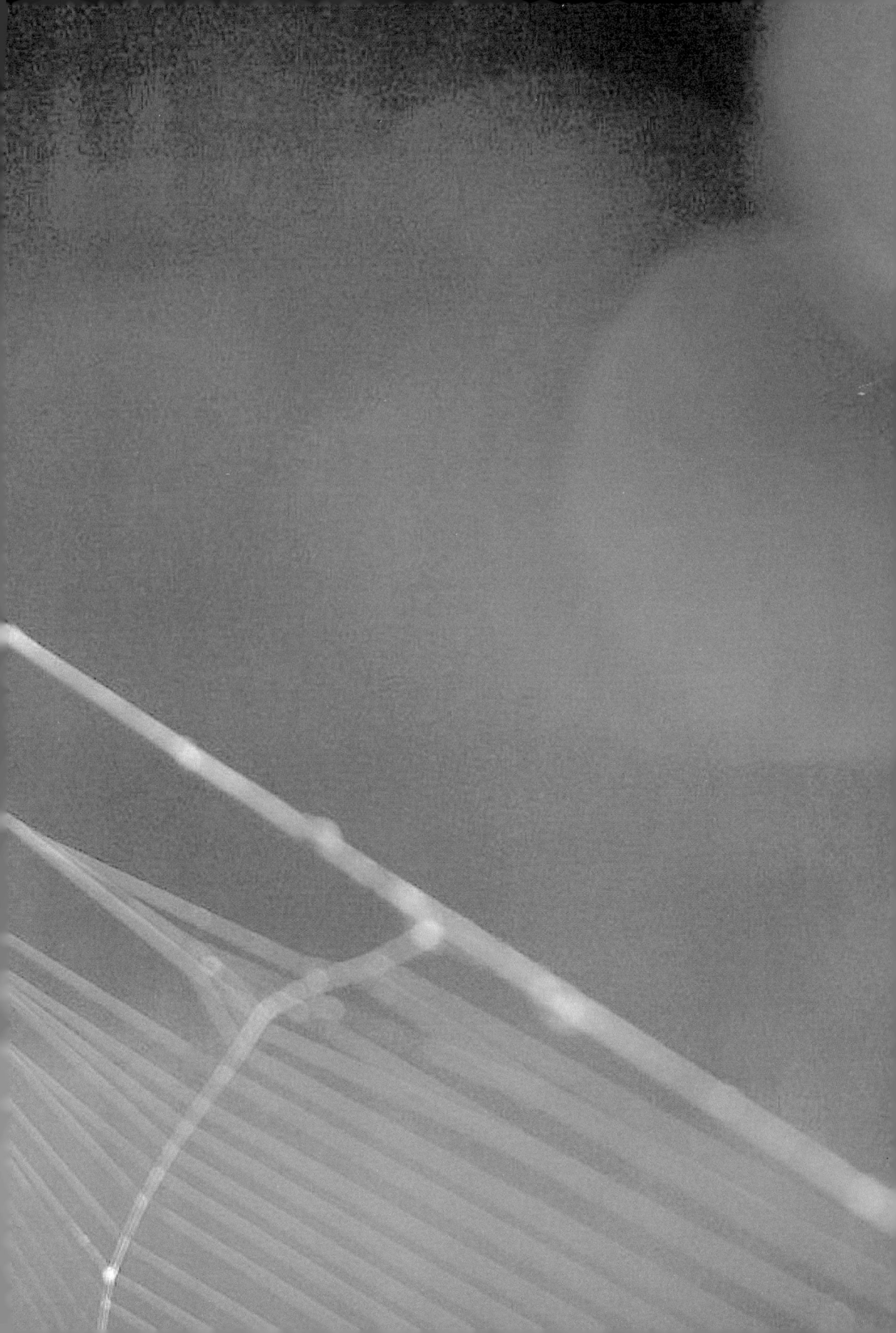

天才的网络工程师

　　蜘蛛以智慧的谋生方式创造了一个神奇的网络世界，可以说，我们人类的网络意识和网络技术的启蒙应该归功于蜘蛛的引领。

　　蜘蛛谋生的根本是网络，蜘蛛网体现了蜘蛛的生存天赋与智慧。

绝妙的网络结构

　　蜘蛛是纺织大腕儿，它最拿手的绝活就是织网，它织出的网连数学家和艺术家都惊叹不已。

　　蜘蛛织网的方式很特别，它要把网分成几个等份的扇形。在同一个扇形里，所有的弦（即构成螺旋形线圈的横辐）都是互相平行的，并且越靠近中心，这种弦之间的距离就越远。每一根弦和支持它的两根辐交成四个角，一边的两个是钝角，另一边的两个是锐角。而同一扇形中的弦和辐所交成的钝角和锐角正好各自相等，因为这些弦都是平行的。这些相等的锐角和钝角又和别的扇形中的锐角和钝角分别相等。这种特性就是数学家们所称的"对数螺旋线"。

强韧的蛛丝

对数螺旋线这种曲线在科学领域是很著名的。它是一根无止境的螺线，若将它永远向着极绕，越绕越靠近极，但又永远不能到达极。即使用最精密的仪器，我们也看不到一根完全的对数螺线。

令人惊讶的是，小小的蜘蛛就是依照这种曲线的法则来编织它的网，而且还非常精确。仔细观察蜘蛛，尤其是丝光蛛和条纹蛛织网时，起初只见它们向各个方向乱跳，看似毫无规则。不久，你就会发现它们网中的那些辐（网的线）排得很均匀，每对相邻的辐所交成的角都是相等的。像教堂中的玫瑰窗一般，织就了一个规则而美丽的网。虽然不同的蜘蛛织网的辐的数目各不相同，但它们基本都是采用对数螺旋线的规律来织网。蜘蛛网的结构充分说明了蜘蛛是一个了不起的、有着奇妙螺旋概念的小生命。

蜘蛛织网的程序

　　蜘蛛的织网程序非常科学有趣：首先，它分泌出不黏的丝，搭设放射状的骨架丝线——纵丝。纵丝主要支撑蜘蛛网结构，强度和韧性大。这些纵丝就像建筑工地的脚手架，不仅便于蜘蛛织网，而且可以使蛛丝用量降到最低。很快，向外延伸的星状经线就搭建成了核心架构。接下来，蜘蛛就会产出很黏的丝，由网中央从外部兜转着织网。它朝着逆时针的方向织出螺旋状丝线（即横丝）。如果仔细观察，就会发现横丝上有水珠似的凸起，它们被称为黏珠，其黏性会让误闯入的昆虫难以脱身。蜘蛛织网还有一个精明之处，它会在快织完网时，将初始搭脚手架用的丝全部吃掉回收，真是"丝"毫不浪费。

构架网络的材料

蜘蛛的高明之处还在于它能吐出不同种类的丝，织网的建筑材料随用随取且不同材质出于一肚。它的腹部尾端一般有 6~8 个纺丝器，与每个纺丝器对应的是蜘蛛身上功能各异的腺体，每个腺体能生产出不同的丝线原料。更神奇的是，蜘蛛会根据实际需要吐出不同的原材料，织造出黏的和不黏的两种丝线。张结好的蛛网由放射线、黏附丝（黏性丝）和缩卷了的立足丝三种丝构成，并且这种网是一种规整性很高的结构。

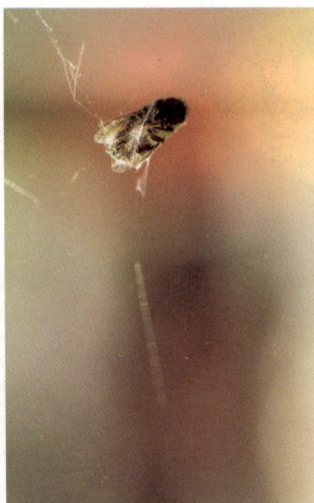

蜘蛛网的类型

不同种类的蜘蛛所织出的网，样子和花纹是不一样的，一般来说蜘蛛网大致可以有五种样子。

圆网，也就是所说的八卦网。网在一个平面上，蛛丝由中央向四周辐射状排列，中间再联以很多横丝。

漏斗网，网的形状像个漏斗，旁边还有一个丝质的管，供蜘蛛在网上行动时出入。

三角形，叫三角网。

华盖网把丝织成丝层，排于一平面上，其他的丝

不规则地向各方伸延。

　　不规则网，不规则状的向各方伸出。

　　不管是哪一种网，都是卓有成效的。

　　蜘蛛还会根据具体空间、风向和周围植被的情况，修改设计，随遇而安，随机而为地编织自己的网。

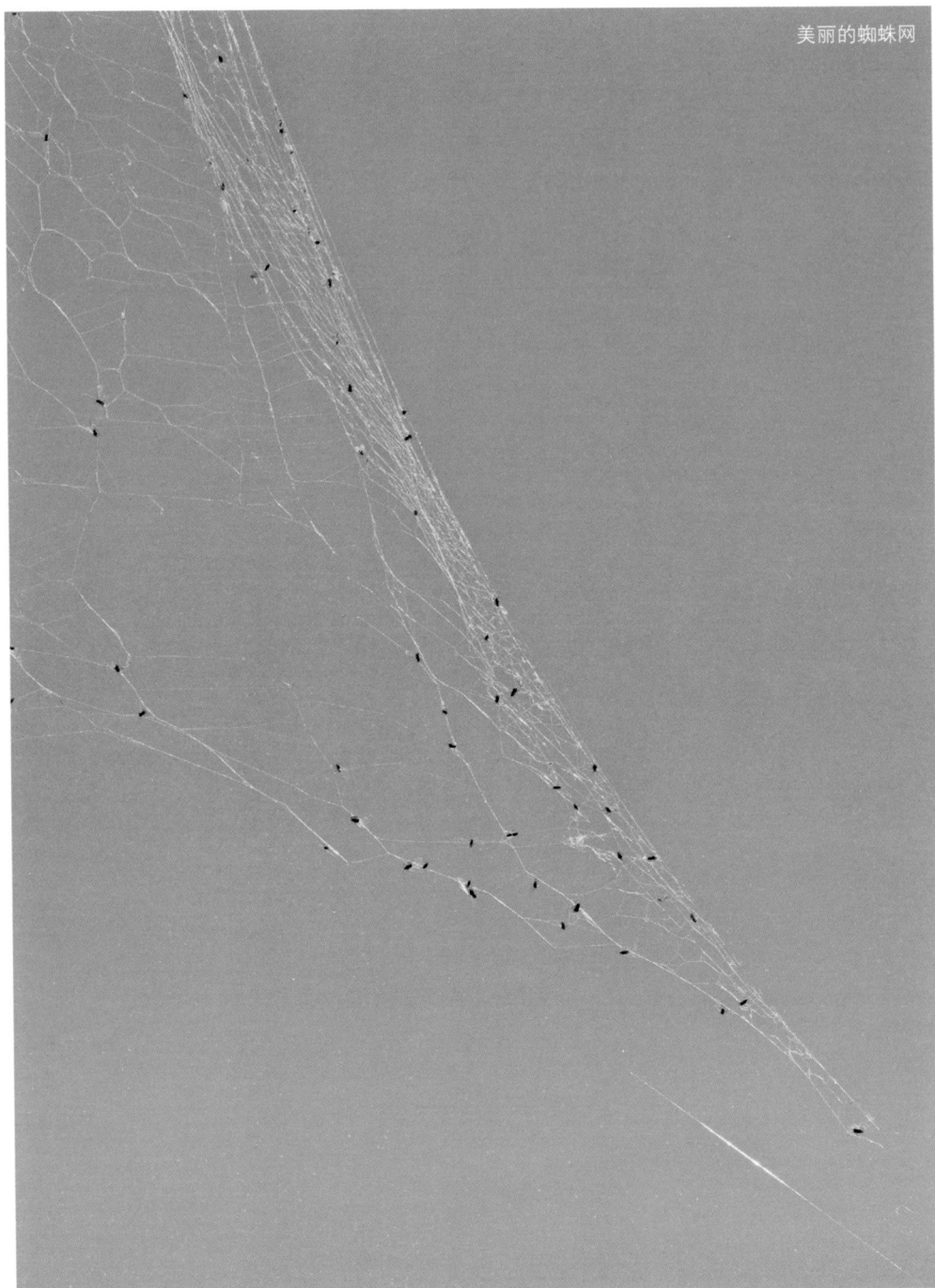

美丽的蜘蛛网

美丽的蜘蛛网

精密的蛛网

网管高手　控网自如

　　蜘蛛织的网是一个非常发达的网络系统，既可以供其无忧无虑地闲居在上边，还可以是让其任意驰骋、百战百胜的战场。

　　蜘蛛为什么能那么快又那么准地捕捉食物而且还黏不住自己呢？

　　原来蜘蛛网的横线和竖线的作用是不一样的，蜘蛛自己走的是那条竖的放射线，那是没有黏液的线。蜘蛛不但可以分泌出黏液布满蜘蛛网黏捕猎物，它还可以分泌出一种油状物涂到肢体上，方便自己在网上随意行走。

蜘蛛是个高度的近视眼，它迅速敏捷捕食的能力完全靠的是它自己织出的超级网。它虽然看不到，但能敏捷地感觉到——它只要用脚踩在蛛网的一根丝上，这根丝通向网中央，通过振动就能立即准确地判断出猎物的方向。蛛网就像一连串的电报线，发出信号，告诉主人触网的是什么东西。当猎物被网黏住使劲挣扎时，就会拖曳蛛网，引起振动。根据振动的幅度，蜘蛛就能判断猎物的大小和位置。

蜘蛛网的超强能力让它战无不胜，享受着富裕生活。

延伸阅读

蜘蛛网的趣闻

2009 年，在美国马里兰州的一座废水处理工厂，蜘蛛群占领整个天花板，面积大约有 1.6 万平方米。这个巨大的蜘蛛网，当中竟有 1 亿多只蜘蛛盘踞，其蜘蛛的种类有 3 万多种，平均每平方米就有 3.5 万只蜘蛛。

在美国得克萨斯州北部公园发现了一个令人惊叹的世界上最大的巨型蜘蛛网。这个网是由 12 个种类的数千只蜘蛛共同合作编织的，该蜘蛛网的跨度为 600 英尺（约 183 米）。生态学家花了五天时间进行现场研究，终于解开了树上蜘蛛结大网的谜底。原来这个大网是由 200 多个蜘蛛家庭的 4000 多只蜘蛛共同织成的，每一个家庭由一只硕大的雌蛛领导，以邻居蜘蛛网的外围线作依托，共同织出一个适合每一家需要的、但又有公共设施的超大网。这个网看似杂乱无章，其实设计得非常科学。200 多个蜘蛛家庭既各立门户、各有家长和家庭集团，又可以保障公共"社会秩序"良好。巨型蜘蛛网的中央比四围低一点，形成漏斗似的洞。下雨时，雨水就顺着漏斗流下去，免得大网受损。遇到敌害时，所有蜘蛛可以此作为紧急安全门，由此洞迅速撤退，躲进网下树叶里避难。

http://m.sohu.com/n/405778442/ 搜狐新闻

http://civ.ce.cn/discovery/tt

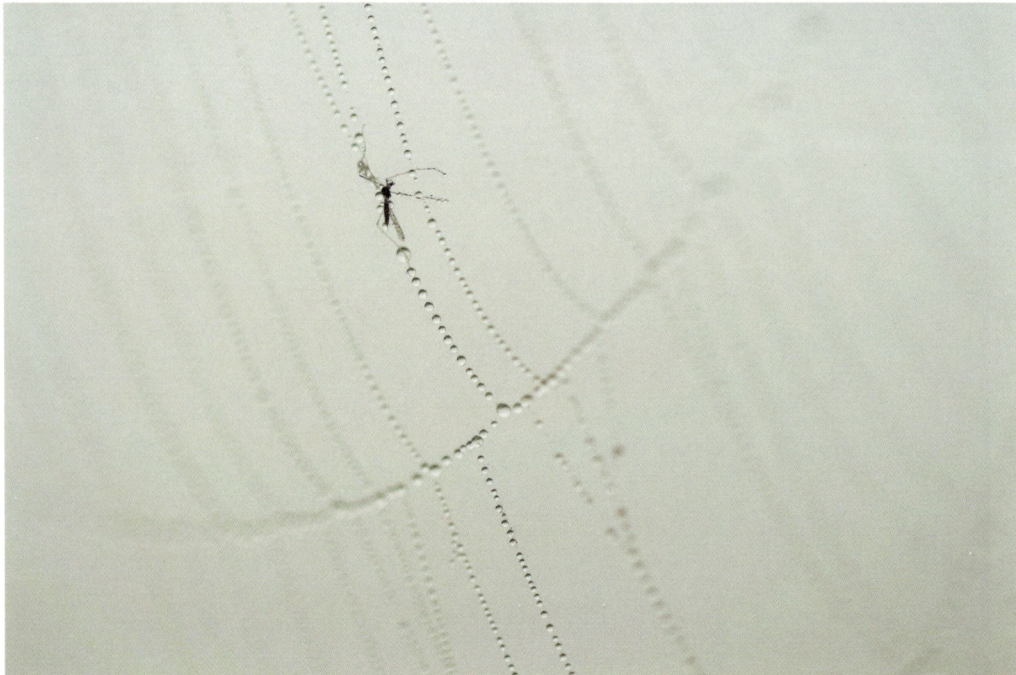

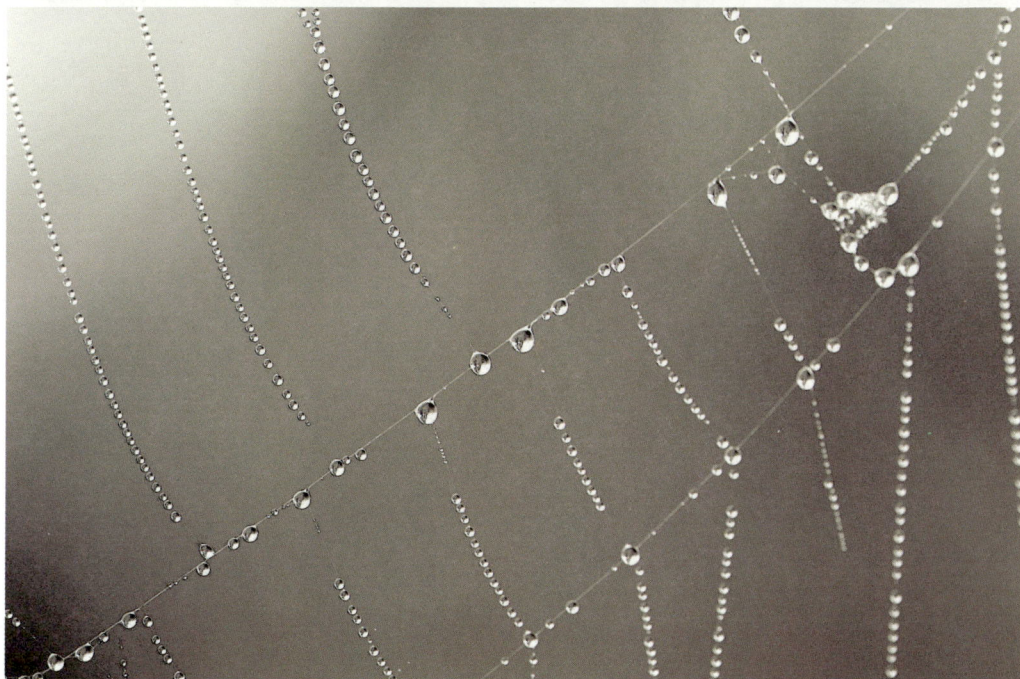

蜘蛛教会我们的事情

蜘蛛的生存智慧和本领给我们人类带来很多启迪，研发出了很多仿生科学技术。蜘蛛在仿生学上有着很重要的地位，它神奇的生命及其赖以生存的蛛丝与蜘蛛网都深藏着无穷的奥秘。科学家们通过研究蜘蛛各种生理结构和行为，从中获得了很多知识，取得了很多的高科技成果。

建筑的风向标

　　经研究，蜘蛛网比钢还坚韧，这简直是一个自然奇迹。美国麻省理工学院通过对蜘蛛网可以禁得起飓风的狂吹和捕食者的猛烈攻击的现象研究，发现蜘蛛网的质地之所以如此坚韧，不在于蛛丝的非凡弹性，而是蛛丝的结构巧妙。蜘蛛网最重要的特性是能够保持完整，丝线断裂后可变得更坚韧。

　　科学家们利用蜘蛛网这种坚韧的特性，设计出可抗飓风和地震的未来建筑物。

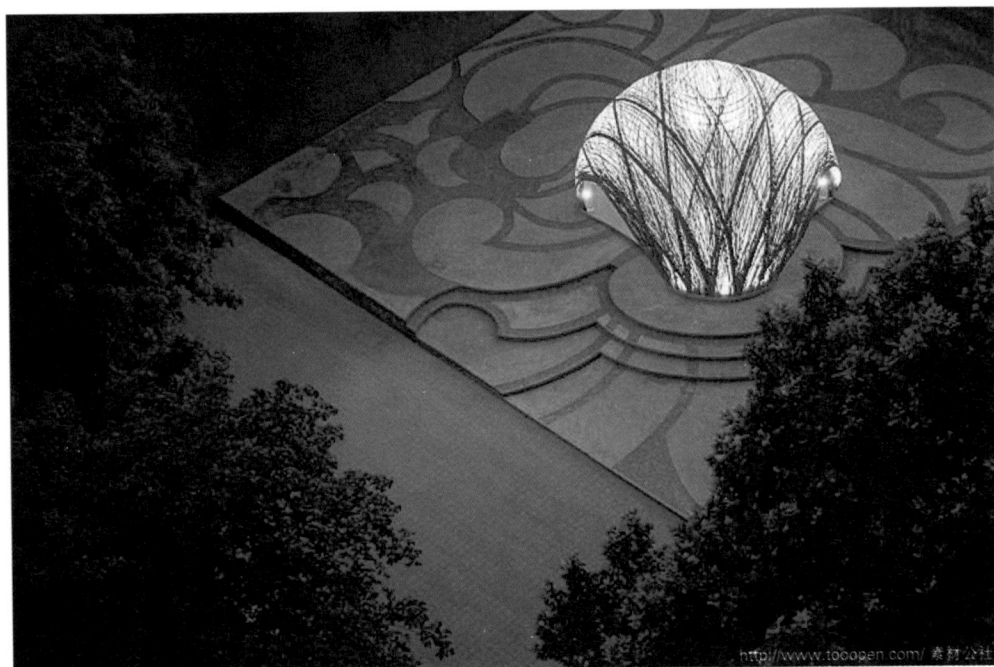

灵感来自于居住在水泡中的水蜘蛛的建巢

互联网上的蜘蛛

　　说蜘蛛是网络帝国的王者毫不为过——人类织网捕鱼是跟蜘蛛学的，人类需要的高端科技材料是仿造蛛丝生产出来的，我们人类的网络意识和网络技术的启蒙也应该归功于蜘蛛的引领。

科学家从蜘蛛网受到启发，在互联网中以一个很形象的名字 Spider（即网络蜘蛛）创立了网络搜索引擎技术。如果把互联网比喻成一个蜘蛛网，那么 Spider 就是在网上爬来爬去的蜘蛛。

网络蜘蛛通过网页的链接地址来寻找网页，从网站某一个页面（通常是首页）开始读取网页的内容，找到在网页中的其他链接地址，然后通过这些链接地址寻找下一个网页，这样一直循环下去，直到把这个网站所有的网页都抓取完为止。

蜘蛛是网络高管的前辈

蜘蛛网为什么能在不同的自然环境和各种飞虫的猛烈攻击后依然坚韧呢？人们带着这个问题探索其中的秘密，发现不是因为蛛丝的非凡弹性，而在于蛛网的巧妙设计；蜘蛛网真正坚韧的部分不是丝，而是其机械性能随着张力的变化而改变，这是一个井然有序的内置的功能。科学家试验发现，从蜘蛛网各个区域去除10%的丝线，蜘蛛网的韧性不但不会削弱，反而会增强10%。蜘蛛需要耗费巨大的能量

网络高管

才能编织一个完好的蜘蛛网，一旦有蛛丝被弄断，蜘蛛可以做小修小补，而不是从头开始修补。这种无需做重大修理的维护功能太神奇了。

科学家们根据蜘蛛丝在受到破坏时只受很小的损坏而不影响整体结构这一特性，将蜘蛛的这种网管能力应用到虚拟网络设计（如互联网），使其在遭受攻击期间只有本地节点被破坏，而整个系统可以不受影响、继续运行。

蜘蛛是鸟儿的救星

有一种会写字的蜘蛛，在它编织的网上会呈现出非常漂亮形象的字母。科学家研究发现，这些字母有着很强的御敌功能，它可以反射耀眼阳光的紫外线，以此来阻吓侵犯的敌人。

科学家利用这一发现，研制出一种防止碰撞的建筑玻璃。可以帮助鸟类在飞行中识别玻璃这种不可穿越的障碍物。据统计，每年有1亿多只鸟死于与摩天大楼等高层建筑玻璃窗户或外墙的碰撞中。应用结果显示，鸟类撞击事件下降了75%。可以说，蜘蛛是鸟儿的救星。

蜘蛛与 "震动感受器"

生物学家发现蜘蛛视力极弱，几乎是瞎子，又没有嗅觉，它怎样知道昆虫落网，以迅猛之势扑向猎物呢？原来，蜘蛛大腿上有灵敏的"震动感受器"。生物学家透过电子显微镜发现，蜘蛛肢体角质层组织内有一种弹性感觉器官，每个器官上排列着不同的细微间隙，在器官周围包有一层薄膜，连接着感觉细胞的终端。这种间隙组织极为灵敏，对极轻微的刺激即可感知，并发生变形而牵动薄膜，迅速将信息传给感觉细胞，这样蜘蛛便会及时判明方向，捕食猎物。

仿蜘蛛全地形机器人

根据国内外近期研究成果，人们发现蜘蛛的整个身体是一个敏感体，可以探测到所在路径的任何事物。世界知名蜘蛛研究专家弗列德里－巴斯是该研究合著作者，他说："蜘蛛身体上不同区域内嵌着超过3000个应变传感器，但多数位于腿部和复合器官上，例如邻近腿部关节的振动接收体。"人们称蜘蛛是自然界第二大敏感动物，仅次于蟑螂。

蜘蛛的液压腿与现代机器人

蜘蛛有惊人的弹跳力，可以跳起十几厘米高，可畅行于网上，行动敏捷。生物学家通过显微动态摄影观察，揭开了其中奥秘。蜘蛛大腿内充满奇特的液体，相当于一个液压装置，可根据情况自行调节液压的强弱。一旦遇到紧急情况，蜘蛛大腿内就会充满液体而使腿由软变硬，爆发出力量一跃而起。仿生学家们模仿这种奇妙的液压腿，研制出一种步行机，行走弹跳灵活敏捷。用于机械手，机器人的"关节"中，更妙不可言。医学上受到这种液压腿的启迪，正在根据蜘蛛腿中液压自动调节的原理设计用来调节人体血压高低的仿生装置。

http://www.cyzone.cn/article/12178.html 创业邦

爬在墙上的蜘蛛机器人

蛛丝与新型材料

化学分析结果显示，纤细又坚韧的蛛丝是由丝纤元蛋白质的氨基酸组成比所决定的。英国工艺学家根据这种丝的组成配比，正在用遗传工程技术生产一种人造蛛丝——具有高性能的防弹轻质蛛丝材料。

美国科研人员对蜘蛛丝

http://bbs.zhulong.com/

独有的延伸性和坚固性、丝的结构和功能以及一只蜘蛛可分泌不同用途的丝进行了深入研究。他们已从一种拉丁美洲蜘蛛的体内找到了可以造丝的基因。如果能把这种基因分离出来并转入某些细菌，那么这些细菌将会比蜘蛛能更快更多地生产蛛丝。如应用到医疗方面，把人造蛛丝用于外科手术的缝合线，不仅不会引起免疫系统的反应，还有助于伤口愈合。

韩国科学家借助声音震动的原理，研发出一款源生于"真正的蜘蛛"仿生学的纳米缝隙传感器，此项有突破性意义的仿生学研究对未来解决人体问题带来福音。

转基因"蛛丝"棉花

蜘蛛是自然界公认的"织网能手"，蛛丝虽然细小，但韧性十足。巴西科学家受此启发，将蜘蛛基因植入棉花，以求获得纤维更加结实、柔韧性更好的棉花新品种。计划这种新型转基因棉花可用于纺织业，特别是用来制作运动服和包括防弹衣在内的多种防护性服装。

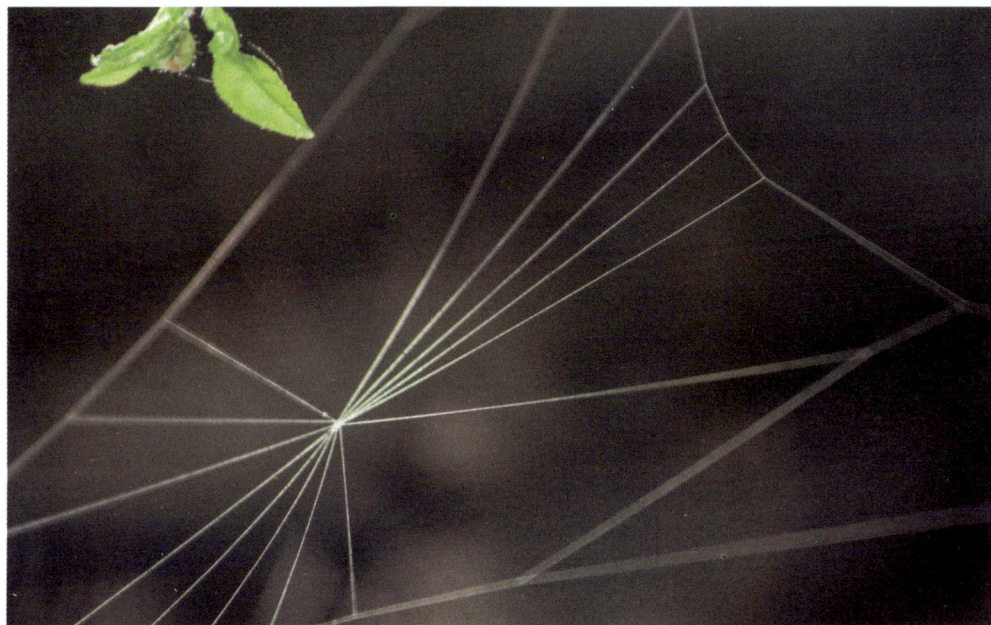

延伸阅读

仿生学是连接生物与技术的桥梁

仿生学是模仿生物特殊本领的一门科学，是生物学和技术学相结合的交叉学科。

人类通过劳动、运用聪明的才智和灵巧的双手制造工具，从而在自然界里获得更大自由，其能力和智慧远远超过生物界的所有类群。但是人们发现，早在地球上出现人类之前，各种生物已在大自然中生活了亿万年，它们在为生存而斗争的长期进化中形成的极其精确和完善的机制获得了与大自然相适应的各种能力，如体内的生物合成、能量转换、信息的接收和传递、对外界的识别、导航、定向计算和综合等，显示出许多机器无法比拟的优越之处。生物的小巧、灵敏、快速、高效和抗干扰性实在令人惊叹不已。实际上，它们的很多功能都超越了人类。

http://shouhu.yezi.blog.163.com/

仿蝎子制造的挖掘机

仿生学就是试图在技术方面模仿动物和植物在自然中的功能，分析生物的生命过程和结构原理，以此为人类的工程技术提供新的设计思想及工作原理的科学。仿生学是连接生物与技术的桥梁。

仿瓢虫生产的甲壳虫汽车

鱼儿在水中有自由来去的本领，人们就模仿鱼类的形体造船，仿鱼鳍造出船桨。相传早在大禹时期，我国古代劳动人民观察鱼在水中用尾巴的摇摆而游动、转弯，他们就在船尾上架置木桨。通过反复的观察、模仿和实践，逐渐改成橹和舵，增加了船的动力，掌握了使船转弯的手段。这样，即使在波涛滚滚的江河中，人们也能让船只航行自如。

仿蛋壳建造的建筑物

仿蝙蝠研制的超声波导航系统

仿鲸鱼的轮船与仿海豚的潜水艇

仿翠鸟制造的降噪高铁列车

　　鸟儿展翅在空中自由飞翔。人们也希望仿制鸟儿的双翅，让自己也可以飞翔在空中。早在四百多年前，意大利人利奥那多·达·芬奇和他的助手对鸟类进行了仔细的解剖，研究鸟的身体结构并认真观察鸟类的飞行，设计和制造了一架扑翼机，这是世界上第一架人造飞行器。

　　苍蝇的眼睛是一种复眼，由3000多只小眼组成，人们模仿它制成了蝇眼透镜。蝇眼透镜是一种新型光学元件，用途广泛。蝇眼透镜是用几百或者几千块小透镜整齐排列组合而成的，用它作镜头可以制成蝇眼照相机，一次就能照出千百张相同的相片。这种照相机已经用于印刷、制版和大量复制电子计算机的微小电路，大大提高了工效和质量。

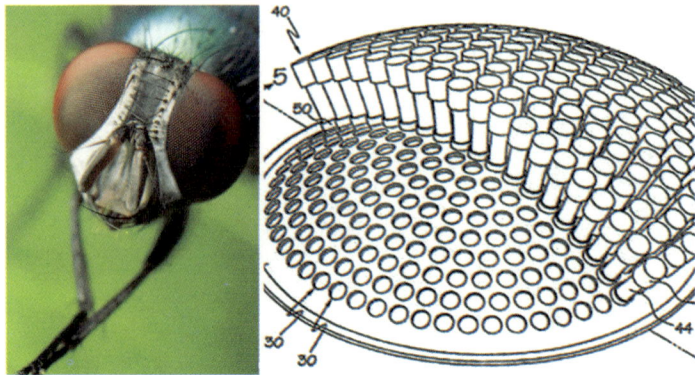

仿苍蝇复眼制造的复眼摄像机

　　这样的例子太多太多。总之，仿生学就是人类研究、模拟动物和植物的功能，改进现有的和创立崭新的机械、建筑结构和新材料、仪器和工艺研究等，创造出更多适用于生产、学习和生活的先进技术。

中国海南蜘蛛科普园

2016 年春，我在海南旅居，听说槟榔谷旅游风景区有一个蜘蛛科普园，非常兴奋，前去游览。槟榔谷是国家首家民族文化型 5A 级景区，还是国家非物质文化遗产生产性保护基地。

我在景区观赏了风格别致的黎族风情和与众不同的热带雨林风光，但印象最深的还是见证了一个由国际蜘蛛科学研究院和景区共同打造的全国最大的蜘蛛科普园。

蜘蛛科普园占地面积超过 500 平方米，全由木板建成，大门入口上方悬挂着一只直径 2.5 米的大型蜘蛛

这些蜘蛛有螃蟹那般大，有着老虎一样漂亮的斑纹，这就是海南地区特有的虎纹捕鸟蛛和敬钊缨毛蛛

敬钊缨毛蛛

展厅里饲养着各种形状不同、颜色不一的蜘蛛

这两种蜘蛛是我国 20 世纪发现的个体最大、毒性最强的大型蜘蛛，其科研、观赏和药用价值也是最高的，所以被世界众多科研机构所青睐。虎纹捕鸟蛛因个头最大、产毒最多，被誉为蜘蛛家族中的"世界毒王"。

据说，生活在这里的海南黎族先民们把蜘蛛视为五指山赐予的宝物，认为它具有神秘的、无所不能的神力，并将它奉为大士。他们从蜘蛛的身上提取毒液制成药物，防治风湿等病痛。

参观过后，我对海南特产的两种蜘蛛有了深刻的感性认知。尽管展出的科普内容和深度还有待进一步挖掘，但作为全国最大的蜘蛛主题科普馆，足以表明我们国家对蜘蛛研究及其科普教育的重视。

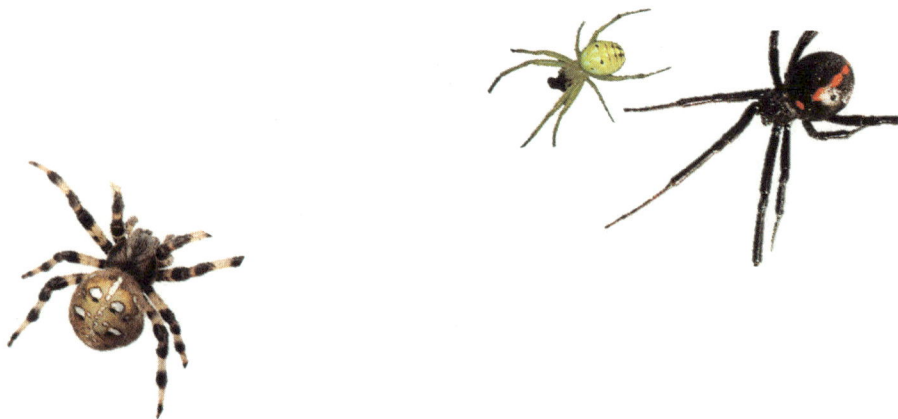